ASSOCIATION FRANÇAISE
pour le Développement des Travaux Publics
Constituée conformément à la loi de 1901

4ᵉ CONGRÈS NATIONAL DES TRAVAUX PUBLICS FRANÇAIS
à PARIS, les 18, 19 & 20 Novembre 1912

1ʳᵉ SECTION

PORTS

RAPPORT D'ENSEMBLE

PAR

M. A. MAURY

Ingénieur des Arts et Manufactures

Président de la 1ʳᵉ Section

SIÈGE SOCIAL
EN L'HOTEL DES INGÉNIEURS CIVILS
19, Rue Blanche, 19

SECRÉTARIAT ADMINISTRATIF
35, Rue Le Peletier, 35
PARIS

ASSOCIATION FRANÇAISE
POUR LE DÉVELOPPEMENT DES TRAVAUX PUBLICS
Constituée conformément à la loi de 1901

Président

M. Ch. PREVET, ancien Sénateur.

Vice-Présidents

M. BAUDIN, Ancien Ministre des Travaux publics.

M. GROSELIER, ancien Président du Syndicat professionnel des Entrepreneurs de Travaux Publics de France.

M. MILLERAND, Ministre de la Guerre, ancien Ministre du Commerce et des Travaux Publics

M. BERTIN, membre de l'Académie des Sciences.

Secrétaire général

M. J HERSENT, Entrepreneur de Travaux maritimes.

Secrétaire trésorier

M. E. BOURDONNAY, Directeur du *Journal des Travaux publics.*

Secrétaire

M. GALLOTTI, Ingénieur civil.

Rapporteur général

M. le Lieutenant-Colonel ESPITALLIER.

1re section : Ports

M. MAURY, Ingénieur civil, Président.

M. QUELLENEC, Ingénieur en chef des Ponts-et-Chaussées, Vice-Président.

2e section : Voies navigables

M. MALLET, Ingénieur civil, Président.

M. ALBY, Ingénieur en chef des Ponts-et-Chaussées, Vice-Président.

3e section : Chemins de Fer et Voies de Communication

M. DUPORTAL, Président, Inspecteur Général des Ponts et Chaussées en retraite.

M. BARBET, Ingénieur civil, Vice-Président.

4e section : Utilisation des Eaux et Hygiène

M. DUMONT, ancien Président de la Société des Ingénieurs Civils, Président·

M. CHARDON, Ingénieur civil, Vice-Président.

5e section : Entreprises d'utilité publique

M. SIBILLE, Député, Président.

M. le Comte d'Agoult, Vice-Président, ancien Député.

ÉTUDE COMPARÉE
de l'Outillage des Ports Français et Étrangers

par M. Ch. LAROCHE

Ingénieur des Ponts et Chaussées. Ingénieur en Chef de MM Schneider & Cie

et M. E. POBEGUIN

Ingénieur des Constructions Civiles. Ingénieur de MM. Schneider & Cie

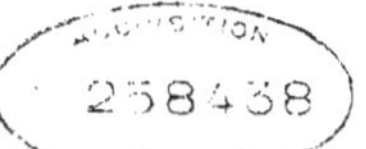

Il a paru intéressant de grouper dans un certain nombre de tableaux des données statistiques recueillies au sujet des installations et du trafic de quelques grands ports français et étrangers. L'on en a déduit un certain nombre de rapports, ou coefficients, qui peuvent être instructifs au point de vue de la comparaison de l'outillage de ces divers ports.

Cēs coefficients sont de deux sortes :

Les trois premiers, indépendants des activités maritime et commerciale, comparent entre eux les éléments fixes des ports; les suivants dans lesquels un des termes du rapport est un chiffre du trafic annuel sont des coefficients d'utilisation commerciale; ils indiquent dans quelle mesure les installations existantes répondent à leur destination.

Les statistiques sont acceptées et employées telles que les ont fournies les ports qui ont bien voulu répondre au questionnaire posé. On n'y a apporté d'autres correctifs que ceux qu'imposait le sujet même de l'enquête, par exemple en éliminant des quais ou bassins manifestement inutilisables par les cargo-boats modernes.

La comparaison de pareils chiffres serait éminemment critiquable si l'on prétendait en déduire mathématiquement que tel port est inférieur à tel autre à tel point de vue, et évaluer numériquement cette infériorité. Les ports ne sont pas comparables, et des raisons particulières et locales ont motivé l'agencement de chacun d'eux.

Si l'on voulait analyser simultanément les éléments de prospérité de quelques-uns d'entre eux, l'étude approfondie des statistiques aménerait à faire autant de monographies que de ports envisagés: c'est-à-dire a aller à l'encontre du but proposé, qui est de les rapprocher en quelques chiffres.

Cette comparaison des chiffres, qu'elle qu'en soit la provenance, parait au contraire être la seule méthode qui puisse donner une impression d'ensemble, dégagée des contingences locales (qui seront d'ailleurs indiquées en lieu et place).

Elle se justifie d'ailleurs elle-même par la concordance des résultats obtenus dans chaque tableau, où les chiffres ont le plus souvent réuni des ports présentant certaines analogies.

De l'inspection de ces tableaux on peut déduire quelques conclusions.

Les engins de manutention paraissent moins développés en France qu'à l'étranger. Il n'y a pas autant de voies ferrées sur les quais et terre-pleins que dans les ports étrangers, et cependant le mètre linéaire de quai et le mètre carré de terre-plein sont, dans les grands ports français plus encombrés que chez nos voisins. Ils doivent assurer un trafic unitaire plus intense, et n'ont pas autant de moyens de l'évacuer.

Nous avons parfois assez d'appareils de levage mais nous n'avons pas les engins puissants dont les ports étrangers sont maintenant pourvus: notamment les ponts transporteurs pour la mise en dépôt du charbon.

Si nos terre-pleins sont plus encombrés, nos bassins en revanche le sont moins; ce sont parfois de véritables bassins d'évolution, et comme les engins de radoub sont en général en nombre suffisant, le navire est, dans les ports français, plus à l'aise que la marchandise.

La conclusion naturelle de cette étude paraît être que l'effort actuel doit porter sur quatre ou cinq ports tout désignés par leur trafic, afin de les mettre à la hauteur des besoins modernes de la navigation et du commerce maritime.

Il reste beaucoup à faire dans cet ordre d'idées..

Paris, le 31 Octobre 1912.

TABLEAU I

Coefficient de Facilité d'évacuation des Marchandises

Longueur de voie ferrée divisée par largeur de quai

PORTS	MÈTRES DE VOIES FERRÉES	MÈTRES DE QUAI	Cœfficient	OBSERVATIONS
Bristol	75.000	8.142	9.2	3 Ports étrangers.
Anvers	156.000	22.000	7.4	
Gênes	64.300	9.087	7.0	
Rouen	41.000	6.043	6.8	2 Ports fluviaux.
Bordeaux	42.000	6.217	6.8	
Dunkerque	52.250	10.175	5.1	
Le Hâvre	71.309	14.886	4.8	2 Ports transatlantiques.
Saint-Nazaire	13.640	4.344	3.1	
Alger	7.814	2.685	2.9	
Nantes	11.929	4.971	2.4	Non compris les voies de grande ligne qui desservent les quais par les gares de Nantes et Chantenay.

CONCLUSION. — Les Ports Français sont **très inférieurs** aux Ports Étrangers au point de vue des facilités d'évacuation des marchandises vers l'intérieur.

TABLEAU II

Coefficient d'outillage de levage

Nombre d'appareils de levage inférieurs à 10 t. par kilomètre de quai

PORTS	NOMBRE D'APPA- REILS	KILO- MÈTRE DE QUAI	Cœfficient	OBSERVATIONS
Anvers	380	22.000	17	Nous ne comptons en service courant que les engins de moins de 10 tonnes.
Bordeaux.	100	6.217	15	
St-Nazaire	65	4.344	15	
Bristol	100	8.142	12	
Gênes	99	9.087	11	
Nantes	52	4.971	10	
Le Hâvre	130	14.886	9	
Rouen	52	6.043	9	
Marseille	119	15.116	8	
Rotterdam	100	39.500	7.5	Grand nombre de grosses installations spéciales, pour marchandises en vrac.
Liverpool	252	58.000	4.5	
Alger	5 (à bras)	2.685	1.9 (à bras)	

CONCLUSION. — Les ports français ne sont pas, dans l'ensemble, moins bien outillés, comme engins de levage, que les ports étrangers.

TABLEAU III

Cœfficient de Facilité de Réparations

Mètres linéaires d'engin de radoub par 1.000^m de quais

PORTS	MÈTRES DE QUAI	LONGUEUR DE FORME	Cœfficient	OBSERVATIONS
St-Nazaire	4.344	531 ^{m}	121	
Bristol	8.142	745	91	
Alger	2.685	220	82	
Liverpool	58.000	3.830	66	
Marseille	15.116	900	60	
Gênes	9.087	550	60	Ports voisins et concurrents.
Dunkerque	10.175	560	55	
Hâvre	14.886	730	49	
Bordeaux	6.217	252	44	Non comprise la forme des chantiers de la Gironde.
Anvers	22.000	625	28	Les ports fluviaux du Nord.
Rotterdam	39.500	875	22	
Nantes	4.971	100	20	Ports à proximité de Saint-Nazaire et Le Hâvre qui sont mieux outillés.
Rouen	6.043	90	15	

CONCLUSION. — Les ports français ne sont pas défavorablement placés au point de vue du développement des engins de radoub.

TABLEAU IV

Coefficient d'utilisation commerciale des bassins
ou
encombrement des bassins

Tonnage de jauge des navires, divisé par la surface de bassin

PORTS	SURFACE DE BASSIN	TONNAGE JAUGE	TONNAGE PAR MÈTRES CARRÉS	OBSERVATIONS
Alger	350.000	16.380.000	47 tx	Port d'escale, sans quai ni bassin.
Cardiff	660.000	20.500.000	31 tx	
Anvers	884.350	26.700.000	30 tx	
Gênes	940.000	15.860.000	17 tx	Les grands ports de l'Europe Occidentale.
Liverpool	2.430.000	35.000.000	14 tx 5	
Marseille	1.450.000	18.880.000	13 tx	
Havre	883.400	10.000.000	11 tx 3	
Dunkerque	496.500	4.820.000	9 tx 5	
Rotterdam	2.419.000	21.300.000	9 tx	Ports en rivière, où toute la rivière est comptée comme bassin.
Rouen	700.000	4.560.000	6 tx 5	
Saint-Nazaire	330.000	1.980.000	6 tx	
Bristol	583.000	2.400.000	4 tx	
Bordeaux	1.600.000	5.780.000	3 tx 6	— id. —

CONCLUSION. — Les ports étrangers utilisent mieux dans l'ensemble leur surface d'eau que les ports français. Toutefois Marseille et Le Havre ont un chiffre de fréquentation des bassins très voisins de ceux des grands ports étrangers. L'encombrement des bassins croît avec le montant total du tonnage fréquentant le port.

TABLEAU V

Coefficient d'utilisation commerciale des quais
ou rendement des quais.

Nombre de tonnes divisé par la longueur de quais.

PORTS	LON-GUEURS DE QUAIS	TONNAGE TOTAL.	NOMBRE DE TONNES PAR MÈTRE LINÉAIRE DE QUAI	OBSERVATIONS
Alger	2.685	3.200.000	1.200 (1)	(1) Le bassin de l'Agha a seul été compté quoique les mahonnes et petits bateaux utilisent les quais à faible tirant d'eau; mais cela donne précisément la mesure de l'insuffisance du développement des quais.
Anvers	22.000	21.000.000	950 (2)	(2) Anvers. — Beaucoup d'opérations de transbordement se font sur rivière sans mise à quai intermédiaire.
Rouen	6.043	4.800.000	800 (44 en 1896)	
Gênes	9.087	7.000.000	770	
Bordeaux	6.217	4.200.000	680	
Marseille	15.116	8.800.000	580 (38 en 1896)	
Rotterdam	39.500	22.000.000	560	
Bristol	8.142	3.400.000	420	
Saint-Nazaire	4.344	1.500.000	340	
Nantes	4.971	1.700.000	340 (135 en 1896)	
Dunkerque	10.175	3.400.000	320	
Le Havre	14.886	3.600.000	250	Faible utilisation à cause de la navigation transatlantique qui nécessite des quais nombreux sur lesquels se débarquent peu de marchandises.
Liverpool	58.000	12.000.000	205	

CONCLUSION. — Certains ports français ayant des coefficients plus élevés que les grands ports étrangers, doivent être considérés comme ne disposant pas de longueur de quai suffisante.

TABLEAU VI

Coefficient d'utilisation commerciale des terre-pleins

ou

encombrement des terre-pleins

Tonnage total des marchandises divisé par surface totale des terre-pleins

PORTS	SURFACE DE TERRE-PLEIN	TONNAGE TOTAL	TONNES PAR M. Q.	OBSERVATIONS
Anvers	1.057.500	21.000.000	20'	Pour ces trois ports, le rapport est manifestement trop grand, une partie importante du trafic passant sur bateaux fluviaux ou sur des terre-pleins non accostables par les gros navires.
St Nazaire	89.200	1.500.000	17'	
Alger	210.000	3.200.000	16'	
Gênes	546.000	7.000.000	13'	
Bordeaux	379.500	4.200.000	10'5	
Nantes	152.000	1.700.000	10'5	
Rouen	670.000	4.800.000	7'	
Hâvre	593.000	3.600.000	6'	
Dunkerque	553.500	3.400.000	6'	
Bristol	565.000	3.400.000	6'	Ports anglais.
Liverpool	6.800.000	12.000.000	1'8	

CONCLUSION. — D'une manière générale, les ports français ont les terre-pleins plus encombrés que les ports anglais.

Le Hâvre est plus dégagé que Gênes et moins que Liverpool.

TABLEAU VII

Coefficient d'abri des marchandises

Mètres carrés de surface couverte par 100 tonnes de marchandises

PORTS	SURFACE COUVERTE	TONNAGE	Cœfficient	OBSERVATIONS
Bristol	270.000	3.400.000	79 mq	
Le Havre	166.758	3.600.000	46	Les grands ports français
Marseille	300.000	8.800.000	34	
Anvers	428.000	21.000.000	21	
Dunkerque	64.170	3.400.000	19	
Gênes	57.700	7.000.000	8	Marchandises peu coûteuses et pondéreuses
Saint-Nazaire	10.000	1.500.000	7.75	
Nantes	5.950	1.700.000	3.5	Les anciens ports fluviaux
Rouen	12.000	4.800.000	2.5	
Alger	6.900	3.200.000	2.15	

CONCLUSIONS. — Les grands ports français sont bien placés comme surface couverte. Ils reçoivent en effet surtout de la marchandise coûteuse.

Les anciens ports fluviaux ont relativement moins de magasins, car ils reçoivent surtout les marchandises pondéreuses.

TABLEAU VIII

Cœfficient de facilité de manutention

Nombre d'engins divisé par millions de tonnes de marchandises

PORTS	NOMBRE D'ENGINS 10 T.	TONNAGE	ENGINS PAR MILLION DE TONNES	OBSERVATIONS
St-Nazaire	65	1.500.000	43	Ports transatlantiques français.
Le Havre	130	3.600.000	36	
Nantes	52	1.700.000	31	
Bristol	100	3.400.000	29	
Bordeaux	100	4.200.000	24	
Liverpool	256	12.000.000	22	Le faible cœfficient de ces ports est dû au grand trafic de marchandises pondéreuses en vrac qui se fait par appareils spéciaux.
Anvers	380	21.000.000	18	
Gênes	99	7.000.000	14	Ports voisins et concurrents.
Marseille	119	8.800.000	13.5	
Rouen	52	4.800.000	11	
Rotterdam	100	22.000.000	4.5	Transbordement en rivière par appareils spéciaux.
Alger	5 (à bras)	3.200.000	1.6 (a bras)	Port d'escale pas de quais, main d'œuvre indigène bon marché.

CONCLUSION. — Les ports français ont autant ou plus de petits engins que les ports étrangers ; ils manquent de gros engins, transbordeurs et pompes.

TABLEAU IX

Coefficient de disponibilité des formes de radoub

Nombre de m³ de forme de radoub pour 1.000ᵗˣ de jauge

PORTS	M³ DE FORME	Tˣ JAUGE	Cœfficient	OBSERVATIONS
Saint-Nazaire. . .	225.600	1.975.700	111	
Bristol	282.100	4.800.000	59	Ports Anglais.
Liverpool. . . .	1.943.500	35.000.000	55	
Dunkerque . . .	118.500	4.827.900	34	
Le Hâvre . . .	232.500	10.017.500	23	
Marseille . . .	350.200	18.880.000	18	3 grands ports.
Gênes.	197.400	15.862.000	12	
Bordeaux . . .	64.400	5.779.000	11	
Nantes	20.000	1.930.000	10.3	Ports en rivière français.
Rotterdam . . .	136.600	21.300.000	6.4	
Anvers	157.400	26.700.000	6	Ports fluviaux du Nord.
Rouen	17.300	4.565.000	3.8	
Alger	52.500	16.381.500	3.2	

CONCLUSION. — Les Ports Anglais offrent à leur clientèle maritime plus de moyens de radoubs que nos ports (Saint-Nazaire mis à part).

Les Ports Français ne sont pas toutefois dans l'ensemble très défavorisés. Les cubes des bassins ou cubes correspondants pour des docks flottants de même longueur ont été calculés par une formule empirique : $V = 10.000^{m3} + \frac{1}{100} L^3.$